U0334574

荷兰科普女王的动物书

常见的动物

〔荷〕彼彼·迪蒙·达克　著

〔荷〕弗勒·范德韦尔　绘

蒋佳惠　译

人民文学出版社
PEOPLE'S LITERATURE PUBLISHING HOUSE

著作权合同登记号 图字 01-2020-1421

Bibi's doodgewone dierenboek
Copyright text © 2013 by Bibi Dumon Tak.
Copyright illustrations © 2013 by Fleur van der Weel.
Amsterdam, Em. Querido's Kinderboeken Uitgeverij

图书在版编目（CIP）数据

常见的动物 /（荷）彼彼·迪蒙·达克著；（荷）弗
勒·范德韦尔绘；蒋佳惠译. -- 北京：人民文学出版
社，2021
（荷兰科普女王的动物书）
ISBN 978-7-02-016240-6

Ⅰ. ①常… Ⅱ . ①彼… ②弗… ③蒋… Ⅲ . ①动物 –
儿童读物 Ⅳ. ①Q95–49

中国版本图书馆 CIP 数据核字 (2020) 第 071303 号

责任编辑　甘　慧　张晓清
装帧设计　李苗苗

出版发行　人民文学出版社
社　　址　北京市朝内大街 166 号
邮政编码　100705
网　　址　http://www.rw-cn.com
印　　刷　上海利丰雅高印刷有限公司
经　　销　全国新华书店等
字　　数　51 千字
开　　本　890 毫米 ×1240 毫米 1/32
印　　张　3
版　　次　2021 年 1 月北京第 1 版
印　　次　2021 年 1 月第 1 次印刷
书　　号　978-7-02-016240-6
定　　价　35.00 元

如有印装质量问题，请与本社图书销售中心调换。电话：010-65233595

目录

等一等！

先别急着看书。

这本书里所记录的动物都很普通，普通到大多数人都不愿意多看它们一眼。人们都说：我们不是已经知道它们了吗？

真是这样吗？

不是，当然不是。本书中那些普通的皮毛、鳞片和羽毛底下，居住着不可思议的动物们：外表寻常，内里却机灵得无与伦比。

所以说，欢迎来到普通动物的世界，别再闷闷不乐了。

老鼠

如果让你选择的话，你想要成为哪种动物呢？

嗯，什么动物都可以，唯独这种除外：老鼠。因为老鼠只有敌人，没有朋友。

猫头鹰、大老鼠、蛇和猫，它们全都可能把小老鼠生吞活剥了。那么我们人类呢？我们人类想要让它落入我们的陷阱。

好可惜啊好可惜，毕竟住在你床底下的老鼠熟悉独一无二的布鲁斯效应*。哈哈，没错，听起来像是某种战斗技巧，不过，完全不是。

是这样的：雌性老鼠几乎任何时候都怀着孕。这是没有办法的事，谁让它们有那么多敌人，又不想灭绝呢。雌性老鼠怀着的是四周最强壮的雄性老鼠的孩子。至于最强壮这一点，是它从对方的尿液中闻出来的。不过，深夜里，当它在你的卧室里散步时，说不定还会闻到更加强壮的雄性的味道。

救命啊！它想，怎么办呢？只剩下一个办法：它把还没出生的宝宝从肚子里丢出去，然后去寻找那只超级老鼠。

如果雌性老鼠们一直这样坚持下去，它们的鼠宝宝就会变得越来越强壮，未来，它们可能会强悍到一个敌人都没有的地步。

所以，趁着你床底下那只小小老鼠的曾曾曾孙子还没把你拿下之前，赶快学会同它和平共处吧！

---

* 布鲁斯效应：Bruce-effect。一种由非配偶雄性发出的化学信号诱发的雌性妊娠终止现象。

红隼

你不会轻易被它绊倒，毕竟红隼也没有普通到那种地步。尽管很引人注目，但这只小猛禽却十分寂寞地度过它的一生。

为了捕猎，它飞在草地上，停留在半空中，张开尾羽，拍打着翅膀，这样，它才能逗留在同一个地方，就像直升机一样，只不过，不会发出任何噪声。

它正在寻找老鼠，那是它的最爱。它扫视地面，想要寻找一些会动的东西。你想知道它能不能隔着那么远的距离看见那么小的动物？小菜一碟。你想知道它一直拍打翅膀会不会累死？它会小心的！

顺便说一句，那样的动作叫作盘旋。而红隼也不是胡来的，它极其谨慎地选择地点。它最喜欢盘旋的地方是高速公路的上空。不是柏油铺成的高速公路，而是老鼠尿液留下的路径。事实上，老鼠会频繁地尿尿，就算行走的时候也不例外，它们以此留下自己的气味。所以，老鼠集中的地方就会有尿迹可循，这一切都逃不过红隼的眼睛。

你想知道它是怎么做到的？它能看见紫外线。阳光照射在散发着白色光芒的老鼠尿上，折射回来。就在我们透过车窗，望着盘旋在路肩上空的小鸟时，红隼正在寻找老鼠尿液最集中的交叉路口。当然了，它希望能碰上堵车，只要不是铁皮包裹的车子造成的堵车，我们也喜闻乐见。

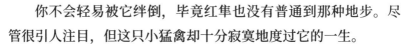

蚊子

这一串词可真有意思，最适合小学三年级的学生了，也适合刚开始看书的你。它能让你增长见识，因为你立刻能了解这个世界上最危险的动物——蚊子。你知道得越早越好。

同样是被咬伤，老虎或者鲨鱼听起来比蚊子危险多了，可是，碰到老虎和鲨鱼的概率是多少呢？嗯？

人们总认为蚊子只会叮，其实，它们可不是这么干的，它们会用嘴巴咬。但全都是这样吗？不是的，只有想要怀孕的雌蚊才用嘴巴咬的。为了让卵在它们的肚子里长大，它们需要血液。在某些国家，这样的咬伤是致命的，因为蚊子会传播严重的疾病。这就是危险的由来。

可是，这些动物为什么要制造出这么响亮的嗡嗡声呢？老虎咬人之前总是悄无声息地靠近，鲨鱼也从不发出噪声。可是，雌蚊却像泼妇似的横冲直撞。为什么呢？

它们之所以这样做，是为了告诉雄蚊，它们来了。它们的嗡嗡声越响，声音传播得越广，它们就能越快找到愿意让卵子受孕的雄蚊。是啊，一切又要从头开始了：

卵。

孑孓。

蛹。

蚊子。

啪！

刺猬

无论是谁，只要一见到刺猬，就会当场融化。

不可思议。

我们所谈论的明明是四条腿的动物里最无法亲近的那个。就算它蜷缩成一团，冲着我们竖起浑身的棘刺，我们还是会说："啊，快看，它多可爱啊！"爱是极其盲目的。

另外还有一个让人无法亲近它的原因。每当刺猬遇到自己不认识的东西时，它就会对着那个东西又舔又闻，有时候还嚼一嚼。它一边这么做，一边嘴里充满了泡沫。那是唾沫和气泡的混合物，会沿着它的鼻子和舌头中间的一个特殊位置流淌。那里有一套特殊的嗅觉、味觉机件，刺猬就靠它来发觉新事物。刺猬吧唧吧唧地淌着口水，一会儿就知道：啊哈，这是一只橡胶靴，下次再来造访这座花园时，我就知道了。

然后，它得想办法把口水擦掉。它没有把口水吐到地上，而是用它抹遍全身。谁也不明白它为什么要那样做，毕竟这是一项大工程，常常令刺猬摔跟头。直到它把靴子唾沫抹到背上之后，它的嗅觉、味觉机件才会变干净，它才能识别小狗的网球。

哦！又是棘刺又是唾沫的，刺猬加倍地令人无法亲近。

那我们呢？我们却加倍地爱它们。

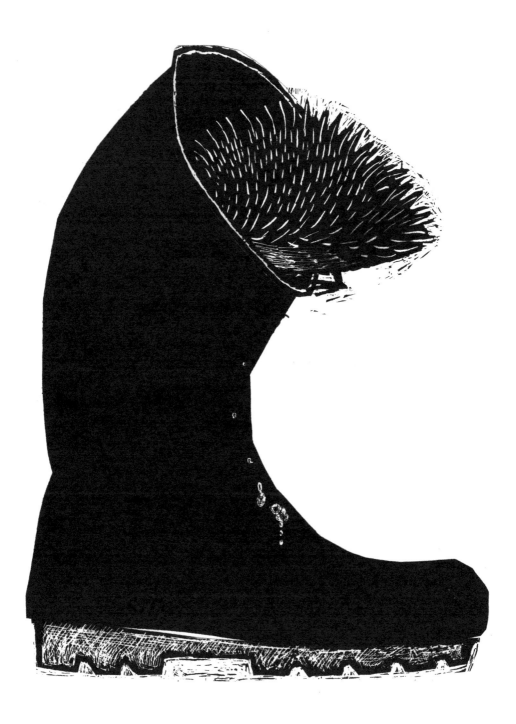

8

蚯蚓

    其实，这种动物不应该出现在这本
书里。它是一根扭来扭去的带子。它是
泥土的小奴隶。一刻不停地工作，一刻
不停地吃，一刻不停地警惕着不让自己

消失在某张嘴巴里。蚯蚓很普通？去你的！

它长长的身体是由许多小圈圈组成的。这些小圈圈总共有一百五十个左右，全都很重要。正如许多人所说的那样，要是把一条蚯蚓从中间剪断，就变成两条蚯蚓，只不过其中一条是死的。

蚯蚓有正面，有反面，有上面，有下面。最前面的那个小圈圈就是它的上唇。其实，那也只不过是半个圈圈而已。第二个圈圈是它的嘴巴。从第三个圈圈开始就是它的身体了。第七个圈圈到第十一个圈圈里藏着十颗心脏。这十台隆隆运作的小机器驱赶着血液，把它们运输到长长身体的各个角落。

第十四、第十五个小圈圈是用来生孩子的。大约第三十五个小圈圈里有一组小孔，带有精子和卵子的黏液从那里涌出，汇聚在一起，变成新生儿。

过了黏液圈圈，蚯蚓还有一截身体，最后，终于到了它的第一百五十个小圈圈——它的屁股。不管你相不相信，每一个小圈圈上都长着一簇簇可以插入土壤的刚毛，以防鼹鼠从身后拽它。它的脊背上方也有很多小孔，用来保持健康和湿度。

这条粉红色的小贪吃蛇简直就是一座无与伦比的工厂啊！横穿所有小圈圈的就是它长得无穷无尽的胃。腐烂的秋叶从前面的第一个圈圈进去，之后变成崭新的土壤，从后面的第一百五十个圈圈里出来。

知道了这一切，我们只能说：蚯蚓一点儿也不普通。

蚯蚓，很稀罕。

林蛙

是啊，要说林蛙啊，它非常热爱生活，因为几乎无论走到哪里，只要那个地方不是过于干燥，偶尔有美味佳肴从身旁飞过或者爬过，它都会把那个地方当成自己的家。它要么孤苦伶仃地在森林里穿梭，在树叶和树枝间寻觅，要么在水沟旁游荡。林蛙是一位幸福的隐士，等待春天来临。

10   等待春天来临。

每一年，所有的雄蛙都会在水流旁的同一个地方齐聚一堂，发出低沉、浑浊的呱呱声。它们白色的咽喉在阳光的照耀下熠熠生辉。只要它们在那里哼哼哼、咯咯咯、咕噜噜地坐上一会儿，雌蛙便千呼万唤始出来了。上帝保佑一切顺利。

雄蛙并没有展现爱的舞姿，它们也没有求偶，不，什么都没有，它们冷漠无情地跳到雌蛙的身上，令它动弹不得，要是不产下卵来，就别想逃脱。这看上去就像是柔道。区别就在于这样的环抱发生在柔道运动员身上，称为"裸绞"，而到了青蛙身上，就成了"抱对"。另外……还有一个区别：

柔道运动员得到的是分数，

青蛙得到的是蛙卵。

再提一下刺猬：刺猬的交配时间特别长。只有当母刺猬趴倒在地，抚平身上的刺时，公刺猬才能爬到它的身上，不被扎到。交配期间，它们会制造出很多很多噪声。

鲱鱼

鲱鱼是世界上最常见的鱼类。它几乎游遍了所有的海域，而且，它从不单独行动，而是成百上千万条一同出动。你一定以为，这样一来，我们就会对这种动物无所不知：只要搜索它的名字，所有知识就会哗啦一下，全都蹦出来。哦，确实是这样，的确有许许多多关于鲱鱼的信息……

例如，怎么才能把它清理干净，怎么烹制最好吃：熏、腌、煎、泡。加洋葱、加酸黄瓜或是配面包吃。天哪，可怜的鱼啊。

我们只了解食谱里的它。

我们想要了解它死后的一切，却丝毫不想知道它身前的事情。可能就是因为这样，直到两三年前，研究人员才发现鲱鱼是可以互相交谈的。要不然，它们怎么能在浩瀚、漆黑的大海里紧挨在一起，一个都不掉队呢？

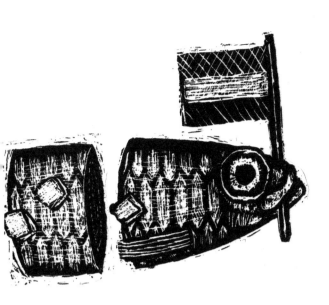

不少鱼类都能发出声音，不过，它们的声音是从嘴巴里发出来的。难道鲱鱼不是吗？的确不是，鲱鱼是用屁股交谈的。它靠放屁让其他小鱼知道它在什么地方。有些屁的味道能持续整整八秒钟的时间。

这就是鲱鱼的重要智慧：
你没法在黑暗中找到要找的人？
那就放一个⋯⋯

再提一下蚯蚓：你想要分辨它的正反面吗？把它放在手心，轻手轻脚地把它拉向一头。如果很容易，那么你手里抓着的就是它的脑袋。如果很困难，那么你手里抓着的就是它的屁股，这是因为它肚子底下有刚毛。

十字园蛛

许多动物都是群居的，这样多安全啊，大家全都聚在一起。不过，十字园蛛可不一样，它喜欢单独待着，甚至比单独还要孤单。如果遇到一个同类，它恨不得把对方咬死。真融洽啊。

严格说来，十字园蛛的名字是皇室独有的，它的名字叫：戴皇冠的蜘蛛。之所以叫这个名字，是因为它的背上有如同珍珠一般的美丽斑点，合在一起就像一个十字。

许多人认为，秋天见到的十字园蛛比春天更多，事实并不如此。只不过，秋天时，它们的个头比春天大得多，因此也更容易被人发现。尤其是雌蛛，因为它们的腹部装满了卵。

等天气转凉，雌蛛就用自己纺的丝把卵打包，然后把包裹藏到花园某处安全的角落里，或是窗户底下的某道缝隙里。过不了多久，它就死了——它的使命已经圆满完成了。

来年春天，它的孩子们就出生了。起初的几天里，它们把卵里的卵黄吃掉，让自己变得身强力壮，之后，它们就做好了远走高飞的准备。

飞？

是的，就是飞。

所有的蜘蛛宝宝都会爬到灌木或是墙壁的顶端，生平第一次从腹部降下一根丝。它们一刻不停地编织，直到风小心翼翼地把这根游丝托起。

就这样，每到春天，成千上万只蜘蛛宝宝靠着虚无缥缈的银丝，穿越高空，搬去它们的新家。

它们在所到之处结上一张网，那是一张微乎其微的网。它象征着一个王国的开端——一个只有一位居民的王国。

16   这就说说红领绿鹦鹉吧，由于红领绿鹦鹉不是荷兰土生土长的，所以，在荷兰，它被称作外来物种。很久以前，褐鼠也一度是外来物种，它们来到欧洲之后，差一点把黑鼠驱逐出去。要是我们不注意的话，灰松鼠也会把我们的红松鼠赶跑的。巨型的美国牛蛙把我们的小个头青蛙吃得一干二净。终于轮到我们的兔子把澳大利亚啃了个精光。为此，狐狸被送了过去。它们不仅吃兔子，还在无意中吃掉了其他澳大利亚的动物。至于麻雀，哎呀，麻雀这种一无是处的小鸟，曾经坐着轮船，被当作外来物种送到美洲。

麻雀

麻雀。

谁？

麻雀！

噢，是它呀。

太普通了，极其普通，身披灰褐色羽毛的它一点儿也不起眼。就算它大声地叽叽叫，谁也不搭理它。又是老把戏。关于那只鸟，有什么好说的呢？说它最喜欢守在人类中间？真有意思。说雏鸟
吃苍蝇、成年鸟吃种子？我们可以打个哈欠吗？

你说什么，它们会飞吗？啊，啊，啊，那个麻雀啊，它聪明着呢！

要不就说到这里吧？

我们还是把时间花在更有用的地方。

对不起啦。

再见，麻雀。

18

头虱

你该不会是说真的吧。

没错。

我们要叫警察了啊。

好像我会怕你一样。

头虱不许进这本书。我们吃的苦头已经够多的了。

那又怎么样？它不就是一种常见的动物吗？那它就有权在这本书里占上两页。

那就一页吧。

两页！虱子就是虱子，这是它自己也没有办法的事。

唉！

头虱是一种酷爱咬人的昆虫。它有六条强有力的腿，用来紧紧地盘住头发——你的头发！它随心所欲地蹭来蹭去。头发越干净，它就住得越安心。

一天之中大约有五六个时间段它都用来吃饭，之后，虱子就会回家——回到你的头上。它露出自己的口器，开始吃大餐。这个口器就是一根吸管，它可不是普通的吸管，而是一根创意吸管。

首先，它可以用这根吸管锯东西。口器的前端有小牙齿，用来把你的头皮割开。然后，它会朝里面吐口水，它的口水里有一种促进血液流动的物质。最后，虱子就可以用它的吸管喷喷喷地吸食鲜血，直到它的肚子变得圆滚滚的。

锯开、吐口水、吸食鲜血，虱子的生活真是安逸啊。噢，对了，差点忘了，还有生孩子，每只雌虱平均可生一百五十个宝宝。它们全都在你的脑袋上。你想摆脱它们吗？那就别无办法了：要么把头发剃光，要么发一场烧。

虱子不喜欢光头，也不喜欢病恹恹的脑袋。什么才是它们最最喜欢的？

当然是你啦！

鼹鼠

你几乎从来见不到它的面，这个毛茸茸的小动物在泥土里挖掘，它的腿像船桨，吻部和尾巴一样长。不过，你倒是常常能见到它留下的烂摊子，那是它在足球比赛临开场前留在足球场上的。

鼹鼠生活在地底下，日复一日地在它的迷宫里穿梭，特立独行，因为它不愿意交朋友。只有当它们不得不要孩子的时候，雄鼠才会冒险爬到地面上，向某只雌鼠的迷宫进发。事成之后，它又会回到自己的家里，继续安安逸逸地独自生活。

鼹鼠很能吃，以致很少有时间睡觉。无论是冬天还是夏天，无论是白天还是黑夜，它每三个小时就要进一次食。为了确保它最爱的食物随时都库存满满，它不得不未雨绸缪。要是它在吃饱喝足之后发现了一条虫子，那该怎么办？那么鼹鼠就会一口咬住那条虫子的脑袋。

不能太重，以免虫子被咬死。

不能太轻，以免虫子逃跑。

它把受伤的虫子拖到自己的卧室里，这才把它放下。有时候，那里堆积着足足十条半昏迷的虫子，等待末日的来临。

鼹鼠毁坏草坪，鼹鼠吞食虫子，必要的时候，鼹鼠也会彼此毁坏。我们人类看见的是毁灭的旅途，那么鼹鼠呢？它几乎什么都看不见，因为眼睛上生长着毛发。

再提一下那个微不足道的麻雀：它是全世界分布最广的
鸟类。甚至还有一个公认的世界麻雀日，就在3月20日。

鼻涕虫

　　鼻涕虫是腹足大家庭中的一员。这听起来很奇怪，因为它们根本就没有脚，它们是用肚子缓缓地向前爬的。

　　比方说，红蛞蝓、陆蛞蝓、野蛞蝓、螺蛞蝓、海蛞蝓，它们全都是鼻涕虫，身上没有一点儿遮挡。

　　噢，噢，噢，它们的背上没有壳，肚子底下也没长脚，真是一穷二白。难道鼻涕虫就没有办法让生活变得更美好吗？

　　既然说到这里，那就告诉你，它们拥有同类从没听说过的交配生活。

　　闭嘴！

　　这些小家伙雌雄同体，它们制造新生儿的过程不是噼里啪啦就行的，不是这样的，整个过程可能会持续好几个小时。

　　闭嘴，我们要这么说！

红蛞蝓围着对方转圈圈，直到出现一摊黏液，然后，它们分别吹起一个小气球，直到各自的右脸颊鼓了起来。它们用小气球相互摩擦，以此交换精子。这对有情人短暂地当了一会儿雄性。精子涌向它们的卵子，过一会儿，它们就可以把受过精的卵子产在地上了，那一刻，它们又成了雌性。

闭嘴！你难道没听见吗？

轮到陆蛞蝓了。每当一对情侣亲热过后，它们就会爬到一棵高高的树上，沿着一丝长长的黏液，一起往下落。

够了，我们要吐了！

它们的脸颊里长出一根比它们身体还长的生殖器，它们把生殖器缠绕在一起。

我们都快晕倒了！

它们就这样悬挂在半空中，一连几个小时随风飘荡。

快停下，我们已经听不下去了。

其实，鼻涕虫既能当男朋友，又能当女朋友。既是女儿，又是儿子。既是父亲，又是母亲。

你说的都对，一定既是国王又是王后吧？

没错，鼻涕虫什么都没有，却又拥有一切。

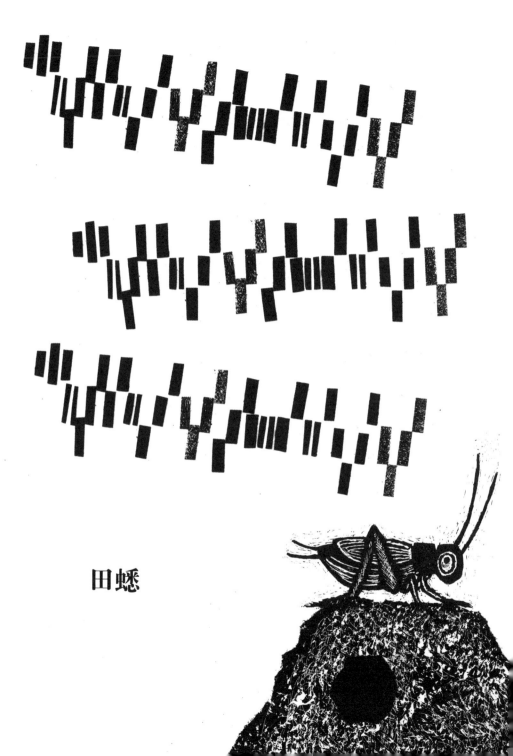

田蟋

喔喔喔喔喔，这就是你在炎热的夜里听见的声音。当你从田间走过时，就会听见喔喔喔喔喔的声音。它从车窗外飘进来，为这个夜晚减少了几分寂寞，令你无意早早入睡。

　　田蟋是一种小个子的生灵，要不是特意寻找，谁也看不见它们，不过，大家都能听见雄蟋蟀的声音。嗯，不错，因为雌蟋蟀是不会鸣叫的。雄蟋蟀的某一扇翅膀底下藏着带齿的发音器，它用这扇翅膀摩擦另一扇翅膀，由此制造出喔喔声。

　　为什么只有在炎热的日子里才能听见这些小生灵的声音呢？因为它们和所有昆虫一样，是冷血动物。它们会对外界的温度做出反应。如果外面很冷，它们就一声不吭，如果热了，它们就会行动起来。对于田蟋来说，要是没有13摄氏度的温度，它们是不会鸣叫的。

　　一旦到了13摄氏度，它们大约每一秒钟就会鸣叫一声，那就意味着每分钟会有六十下喔喔声。这么看来，蟋蟀不仅是一支温度计，还是一口时钟。要知道，天气越热，雄蟋蟀鸣叫的速度就会越快。

　　它们到底为什么要发出这些声音呢？是为了赶走其他雄蟋蟀。当然，随时欢迎雌蟋蟀的到来。

　　喔喔喔喔喔。喔喔喔喔喔。是啊，有了这样的声音，夜晚的确少了几分寂寞。不仅我们这样想，蟋蟀先生和蟋蟀夫人也是这么想的。

再提一下虱子这个不速之客： 在非洲，它们专门从事小脏辫的研究。小脏辫特别平整，欧洲的虱子总也把握不住。它们习惯了圆溜溜的毛发。你要是在非洲顶着一头刚硬的头发，或者在欧洲梳着一头小脏辫，那么头虱就不会上门拜访了。至少，它待不了很长时间。

大蓝鹭

大蓝鹭浑身上下没什么蓝色的地方。它灰白相间，脑袋后面的羽毛形成了一根黑色的马尾辫。它的妻子和它一样灰蒙蒙的。我们甚至会以为，它们是刚刚从老套的黑白电影里走出来的，尽管它们的喙和眼睛都是黄色的。它们算得上是一种与时俱进的鸟类，非常新潮，因为……

……大多数人类都不再因为饥饿而去狩猎，如今，大蓝鹭也是如此。既然不远处就有卖薯条的小摊，那么它为什么还要耗费几个小时，像一尊雕塑似的站在水边，等待某只青蛙的出现呢？它宁可到摊子上去弄些好吃的。要不然就是跟某位会在休息天扛起钓竿的渔民交朋友。

有人曾经见到过一只大蓝鹭站在水中，它的身旁漂浮着一小块面包。这是自己吃吗？才不是呢，是用来当鱼饵的，只要小鱼游过来啃上两口，就会立刻落入一道黄色的闪电里：那就是某只新派大蓝鹭的喙。一点儿不错，这种动物像我们人类一样，把生活过得越来越便捷了。

用不了多长时间，大蓝鹭们就会到我们的窗口来偷窥了。

为了寻觅点儿东西吗？

不是的，只不过是想看看碗里有没有鱼而已……

再提一下忧郁的蟋蟀：它的鸣叫声有专门的名字——摩擦音。

土鳖虫

哈哈哈，你绝对猜不到：土鳖虫这个一身盔甲、灰不溜秋、笨手笨脚的家伙既不和蚂蚁、耳夹子虫、虱子是同类，也不和其他任何一种长相酷似昆虫的凶恶的小动物是一家，土鳖虫属于螃蟹类。

从前，它从大海里闲逛到了陆地上。那是成百上千万年前的事情，那个时候，我们的地球还远远不是现在这个样子。它是不是受够了多盐的环境，受够了周围无处不在的鱼类的目光？这一点，我们不知道。我们也没法问，唉，土鳖虫还真是娇羞啊。它们躲藏在花盆和木块底下。洒水壶还没在那里放满一天的时间，底下就住满了一大家子。要是把洒水壶拿走，那些娇羞的爬爬虫就会四处逃窜，就好像地球马上就要毁灭了似的。

土鳖虫一点儿也不怕你，不过，它们害怕光照和干燥，仍像小螃蟹一样偷偷摸摸地向往大海。它们靠长在后腿旁边的鳃呼吸，只有在潮湿、绵软、湿热、阴暗的地方，这些鳃才会动。它们呼吸起来和鱼一样。一旦雌虫有了宝宝，它就会把宝宝装在胸口的育儿袋里，就像是担心卵子被大海里的洋流冲走似的。

土鳖虫虽然居住在陆地上，可是，它们的心却依然生活在海洋深处。

再说说那个一无是处的麻雀吧：多米诺麻雀是世界上最著名的麻雀之一。它飞进了弗里斯兰省的一个展厅，那里的人们已经摆好了三百五十万张多米诺骨牌，跃跃欲试地想要打破最长多米诺骨牌的记录。这只麻雀扑棱扑棱地拍倒了两万三千张牌，于是被打死了。猎手被罚款两百欧元。

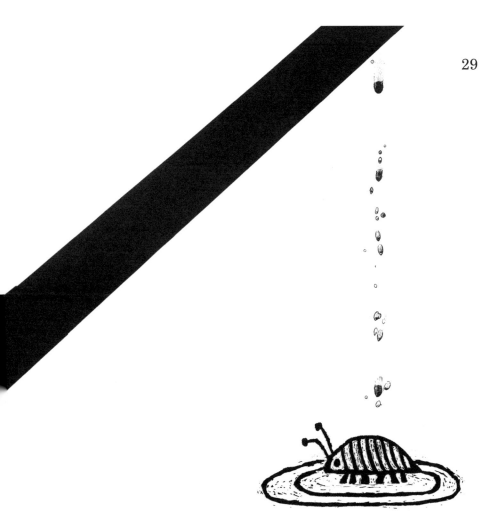

孔雀蛱蝶

　　孔雀蛱蝶之所以叫孔雀蛱蝶，是因为还有一种叫作枯叶蛱蝶的动物。它们一个长得像孔雀，一个长得像枯叶。很好理解。

　　在所有的蝴蝶之中，孔雀蛱蝶是最常见的那一种，这说不定是因为它能活很多年。大多数蝶类的生命不是论天计算就是论星期计算，它却不一样，它是以月计算的。这是一种生命力异常顽强的动物，被风无尽地摧残，又有那么多鸟儿向它张开血盆大口，所以，当它死去的时候，它的翅膀通常是破破烂烂的。

　　当它从母亲的卵里爬出来的时候，等待它的是奇幻的一生。之所以说奇幻，是因为它会发生一次又一次的变化。孔雀蛱蝶的一生是从一条微乎其微的毛毛虫开始的。当它和它的兄弟姐妹们在一块儿时，那一大家子看上去简直就像是一座用工具箱里的黑乎乎的小螺丝钉堆积而成的山，绵延起伏。不过，这样的状况可持续不了多长时间。是啊，它们立即狼吞虎咽地把荨麻叶吞进肚子里，它们太能吃了，吃到身体一次又一次冲破原有的皮囊，终于，一大堆胖乎乎的毛毛虫在树叶上爬来爬去。它们不再是小螺丝钉了，而是一堆毛茸茸、黑漆漆、带着小白点儿的大螺栓。

　　然后呢？当毛毛虫们不知道该拿身上的脂肪怎么办的时候，它们就会把自己关进一个蛹里，待上一个星期的时间再出来，出来时，它们就成了蝴蝶。它们改头换面，从零件变成了首饰。

　　哇，我们也很愿意过那样的生活呢！

　　哇咔啦，变变变，我也想要当一枚小螺丝钉。

八哥

　　这种动物是一个奇迹。当然了，它不能落单，落单时，它只是一只胸口有白斑点的小鸟，一无是处，但是，当它们成群结队地出现时，它们就会变得不可思议、令人惊诧。这也许是世界上独一无二的动物物种，人类甚至心甘情愿地掏钱买票，想要观看它们自发的表演，因为它们的表演能完胜地球上的其他任何演出。

　　大迁徙途中，每到睡觉之前，八哥就会在宿营地的上空聚集。不断地有八哥加入它们的行列，来了一群又一群，终于，成千上万只八哥组成了一幅会动的马赛克画面。它们飞啊、转啊、扭啊、冲啊，却绝对不会撞成一团。这类八哥云在丹麦尤其出名。丹麦人甚至还给它们取了一个名字：索特索尔，意思是"黑色的太阳"，因为每当八哥成群结队地经过时，总会遮挡住春天的落日。

　　到了某一个地方，天空中甚至会聚集起一百万只小鸟，一块儿上演一出令人目瞪口呆的空中芭蕾。丹麦的铁道局曾经派出一辆驶向八哥的火车，将它称为"八哥快线"。车票一共只有275张，可是，想要买票的丹麦人却达到五万个。

　　想要避免发生意外，八哥只需要留意自己的七个近邻就好了。它们在宿营地上空，以每小时36公里的速度飞行，不偏不倚地勾勒出宿营地的界线。就这样，它们舞动到夜幕降临，唰唰的展翅声是它们的音乐，天空就是它们的舞台。

　　不用，它们不需要任何掌声。

再提一提那只可怜的多米诺麻雀：这只小鸟被制成标本，放在鹿特丹的博物馆里展出。它是一只一岁半大的雌鸟。它的肚子里有四粒从全麦切片面包啄下的籽、一小片蜗牛壳和一些沙砾碎屑。看来，它是一只饥肠辘辘的小麻雀，在多米诺骨牌里丢了性命。

褐鼠

几百年前，褐鼠就像圣尼古拉斯一样，坐着船来到我们身边。只不过，圣尼古拉斯来了又走了，而褐鼠却留了下来。它留下来，迅速传宗接代。一眨眼的工夫，它无处不在，我们人类对它深恶痛绝。要是换一下就好了，要是圣尼古拉斯能传宗接代就好了。

只不过啊只不过，圣尼古拉斯总是一脸的严肃，我们在他面前一点儿也笑不出来。难道见到老鼠就能笑出来了吗？

当然啦！

有一天，一个人率真地说道："走，我们去给老鼠挠痒痒吧。"

真的，事情真的是这样。某所大学里的一位教授这样告诉他的学生。他们在老鼠的笼子里挂上用来收录极高音的小型麦克风，然后开始给它们挠痒痒。老师和学生们同时发现，当他们挠痒痒的时候，老鼠们就会更大声地吱吱吱、叽叽叽地叫喊，就像是哈哈笑。他们还发现，年幼的老鼠比年迈的老鼠更常咯咯笑，而且咯咯笑的老鼠更愿意和同样喜欢咯咯笑的老鼠交朋友。雌鼠咯咯咯的笑声比雄鼠多得多，可是，一旦有猫味飘过，笼子里立刻会安静不少。

亲爱的圣尼古拉斯啊，我早早地许下明年的愿望：要四支可以收录老鼠笑声的小型麦克风。地窖的每个角落里都安一支。除此之外，再没有什么能让我感到幸福的了。太谢谢您了！

耳夹子虫

　　唉！是耳夹子虫。快把那个家伙连同它可怕的钳子一起弄走，要不然，它会用那个钳子在我的手指上夹出两个洞来的。把它赶走，抓起来，踩死它！

　　其实，耳夹子虫或许算得上是世界上最可爱的昆虫了。它不会用屁股上的小钳子伤害任何人。那把小剪刀只不过是用来吓唬人的，外加抱住食物，除此之外，那就是一个人畜无害的小玩意儿。

　　秋天，雌虫在地底的小洞穴里产下五十枚洁白的卵。一般的昆虫产完卵后，要么离开，要么死去，可是雌性的耳夹子虫却不一样。它就像一条小狗似的，守护着堆积成山的小珍珠。每隔一段时间，它就要把五十枚卵挨个儿舔一遍，以防它们风干或是发霉。

　　如果有天敌出现，它就会把天敌赶跑，如果哪一枚卵不小心碎了，它就会把卵吃掉。这枚碎了的卵就是它整整一个冬季里唯一的粮食，要知道，它无论如何都不会丢下宝宝们不管。它宁愿挨饿也不愿意摸着圆滚滚的肚皮回到一个被洗劫一空的巢穴里。

　　就算小家伙们已经从卵里爬出来了，做母亲的依然会照顾它们。它领着幼虫去户外寻找食物，有几类耳夹子虫甚至还会为了它们的小家伙，把食物拖回巢穴里。

　　万一它极其悲惨地死去，那么它的孩子们就会把它吃掉。耳夹子虫的母亲是世界上绝无仅有的母亲：它不仅在活着的时候照顾孩子，就连死后也依然守护着它们。

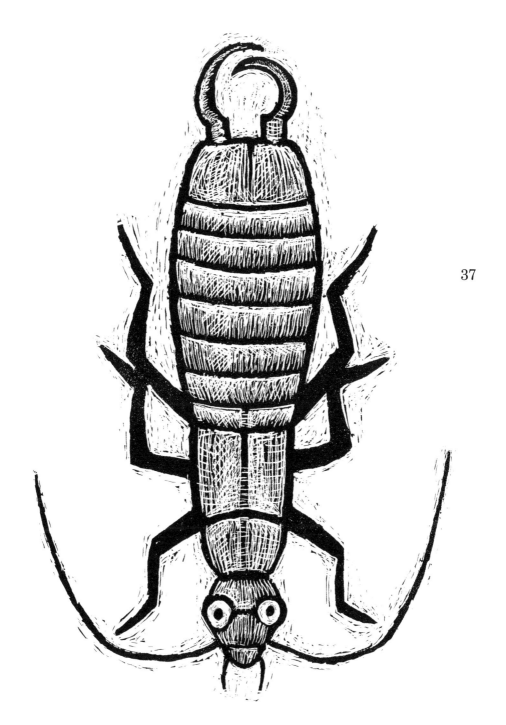

37

松鸦（原名华南松鸦）

声音这么难听还折腾着简化名字，你可真是自以为是啊！太会装腔作势了。你之前那个名字不够好吗？你是不是以为名字越短越容易出名？沃尔夫冈·阿玛多伊斯·莫扎特和约翰·塞巴斯蒂安·巴赫也把自己的名字丢弃了，因为莫扎特和巴赫听起来顺耳多了。这么一来，你不再是华南松鸦，而是改名叫松鸦了。你这鸟真奇怪，更何况，你的歌声一点儿也不动听。莫扎特和巴赫恨不得用棉花堵住耳朵，哎呀，说不定哪支金属乐队里还有空缺的席位，就凭你刺耳的嗓音，一定能在那里大展身手的。

你为什么说自己能拯救地球呢？怎么拯救的？你能阻止全球变暖吗？你能用嘴堵住堤坝的缺口吗？哎哟哟哎哟哟。

噢，你带来了全新的森林。每到秋天，你就把成千上万颗吃不完的橡子埋进土里，让它们成长为全新的橡树。在德国的某些地方，橡树甚至早就绝迹了，不正是你成就了它们的回归吗？啊，原来你称得上是一名林务官呢。唉，要不是你的话，我们早就见不到任何健健壮壮的橡树林的踪影了吧？幸好我们知道了这件事，橡子小吃货。还想再吹吹牛皮吗？真的？瑞典人是不是通过计算，发现建设一片新的橡树林要耗费五十万欧元，而你却轻而易举地免费搞定了？

还想做些什么呢，松鸦？要不要参加一场歌唱比赛，再出点儿名？

……

对不起，松鸦，我们很抱歉，我们没想得罪你。我们爱你，真的，你要是真的参加赫尔辛基、索菲亚或是安卡拉的欧洲歌唱大赛，我们一定会给你投票的，松鸦。无论有多少票，全都投给你。

再提一提翩翩起舞的八哥：八哥十分擅长模仿各种声音。鹿特丹的火车站里住着一只八哥，它能发出火车关车门的声音，回回都能让人上当。人们会因为担心错过火车而赶忙奔跑起来。

蝙蝠

你看不见它们，也听不到它们，但是，你能感受到它们的存在。这些谜一样的动物占据了夜晚的苍穹。它们拍打翅膀时无声无息，我们的耳朵也捕捉不到它们的呼唤。蝙蝠是地球上唯一一种会飞行的哺乳动物。它们没有羽毛，却长着毛发，翅膀上的皮膜和绷在指骨之间的一样。

每到秋天，当我们人类惦记着飘落的树叶时，蝙蝠便开启了爱的狩猎。雄蝙蝠和雌蝙蝠相约在教堂的钟楼里或是学校的阁楼上。之后，它们就分道扬镳了。雌蝙蝠并没有怀孕，没有，它很小心，天气太冷了，不适合生孩子。它把丈夫的精子装在肚子里，装了整整一个冬天的时间。直到春天来临，它才顺其自然地孕育。

眼看它的幼崽就要出生了，它便和其他上百只雌蝙蝠一起出动，寻找一个适合孩子降生的地方。蝙蝠们太热衷于搬家了，总是拍着翅膀从一个地方飞到另一个地方，就算有了幼崽也不例外。

这么一来，仲夏之夜，当你躺在床上渐入梦乡的时候，说不定窗口会掠过十来只雌蝙蝠，丁点儿大的小宝宝们牢牢地趴在它们的肚子上。谁也没有亲眼见到过它们。能知道这些就已经够不可思议的了。

海星

赶快加入这本书吧，谁让你有软绵绵的腿和肉嘟嘟的身体呢？！谁让你有管足，有皮鳃，有自我修复的能力，背上还有钝钝的刺呢？！快来吧，只不过，我们也不知道为什么要叫上你。

不知道为什么？也许是因为我们不常见到它的缘故，不过，它可真是很普通呢。它生活在水里，在海洋里，在我们几乎连看都不看一眼的地方。它要么在水底爬来爬去，要么牢牢地扒住一块岩石，或是堤坝上的一块石头。那些地方住着它最爱的美味佳肴——贻贝。它是怎么用躯体上那五条胖墩墩的腿把它们打开的呢？

站稳了别倒下。海星是个肌肉男。它身体的底部有上千个吸盘。它时不时就想吃个贻贝，每到那时，它就会盘踞在贝壳上，做好全力以赴的准备。接着，一场角斗士般的搏斗便开始了，你可别搞错了，贻贝才不是好欺负的呢。谁也别想轻而易举地打开它的贝壳。谁都别想。

它们之间的斗争常常会一连持续好几个小时。海星拉，贻贝夹。但凡能有一条狭小的缝隙，海星就能获胜，只要有一个微小的开口，它的胃就可以钻进贝壳里。

它胃里的液体把贻贝变得越发松软。贻贝就在自己的贝壳里被消化掉，然后被吸得一干二净。咦，简直就是一部科幻小说：水下科幻小说。十二宫海星大战水星贻贝。通常，获胜的都是海星，因为海星的策略是无往不胜的。

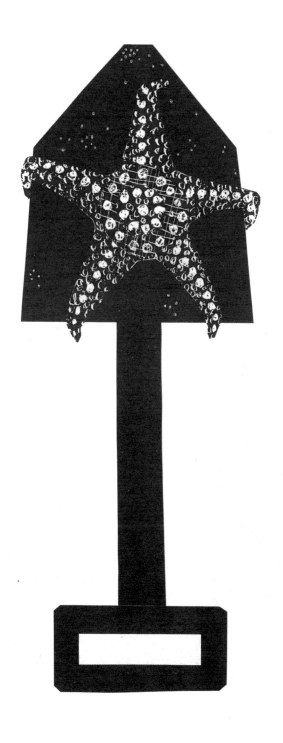

再提一提那个无足轻重的麻雀：2009年4月23日，英格兰的一家店铺在一场大火中被烧毁。这场火灾是由一只麻雀引起的，它叼起一个熊熊燃烧的烟蒂，把它带回了自己的鸟巢里。

贻贝

少说也得两年的时间，贻贝才能成长为胖乎乎的贻贝。它的生命是从 D 型幼虫开始的。你问那是什么？那就是形状长得像字母 D 的幼虫。就这样，它会在盐水中浮游几个星期。

一段时间过后，D 型幼虫的外面就会长出一层小得不能再小的贝壳。至于这段时间具体多长，那就取决于海水的温度了。有了这层小贝壳，幼虫就变得沉甸甸的，再也浮游不动了。

它就像一名伞兵一样，缓缓地沉入海底。唯一的区别就在于伞兵还能把握方向，可是新生的小贻贝却做不到。这只全副武装的幼虫只能寄希望于自己可以落到一个能落脚的地方。那必须是坚实的海底，不能是松散的沙子，要不然，它就完蛋了。

这场从天而降的贻贝幼虫风暴被称为孵化着陆。在这成百上千万个小不点儿中，只有几个能落得好下场。

它的两扇贝壳之间露出一只小脚，小脚里丢出一根绳子：一根黏黏糊糊、难解难分的绳子。接着又来一根，再来一根。新鲜出炉的小贻贝用这些绳子把自己牢牢绑住。偶尔，它也会略微挪动一下位置，把新锚绳绷得紧紧的，以免被水流冲走。

要是足够走运的话，贻贝能活到十五岁，甚至二十岁，不过，要是在那之前有海星蹦到它的身上……那么它的贝壳很有可能会变成它的坟墓。

绿头鸭

隔得老远，你就能看出哪只是雄鸭、哪只是雌鸭。雄鸭是银灰色的，长着一个绿色的脑袋，像极了一盏红绿灯，好像在不停地呼喊：你还在等什么呢？现在是绿灯，快把那面包送过来。

雌鸭是棕褐色的，不太起眼。这样倒也不错，反正它的婚姻也持续不了多长时间。它刚一生下蛋，丈夫就溜了，留下它独自孵蛋、照顾雏鸭。它待在窝里的时候绝对不能让任何人看见，最好的办法就是用保护色把自己伪装起来。要是它的丈夫陪在旁边，就等同于告诉敌人：你还在等什么呢？现在是绿灯，快把我连同这些蛋全都吃掉！

每年夏天，绿头鸭身上的飞羽都会脱落，换毛季开始了，它们身上会长出新的羽毛。在这几个星期里，它们没法飞行。对于雌鸭来说，这没什么大不了的，它们可以躲进芦苇丛里，可是雄鸭该怎么办呢？它们的红绿灯脑袋怎么办呢？

大自然想出了一个办法：它们的飞羽刚一脱落，它们的绿脑袋和翅膀上的银色光芒就跟着不见了。雄鸭和雌鸭之间几乎看不出任何区别了。

七月和八月是假期，红绿灯停工。你可千万要小心一点儿哦，不光是过马路的时候要小心，还要小心看清楚，是谁等不及要抢走你手里的面包片。

再提一提不那么好欺负的海星：要是少了一个腕，它可以再长出一个来。就算是少了四个，那也没关系。海星会自我修复。

小兔子

    总算来了，我们等了好久啊，终于，它来了，这是一个名字里有"小"没有"大"的动物。兔子是小兔子：小、小、小。这在野生动物里并不常见，它们只知道：大、大、大。

    小兔子住在我们的树林、公园和沙丘里，也住在我们的笼子、花坛和花园里。它们无处不在，有野生的，也有驯化的，除了颜色之外，它们之间并没有太大的区别。

无论是野生的兔子还是驯化的兔子，都会做一件令大多数动物瑟瑟发抖的事，那就是它们会吃自己的粪便。这种事是谁想出来的？这多不健康啊。

　　那倒不是。更有甚者：它们要是不这么做的话，就会死。只有吃下自己的便便，它们才能活下去。

　　兔子的粪便各种各样。有些是干巴巴的便便，就像豌豆一样；有些是黏糊糊的便便，看上去就像花生夹心巧克力一样。它们不吃干巴巴的便便，只吃黏糊糊的那些。

　　干巴巴的便便里只有残渣，而黏糊糊的便便里却含有它们不可或缺的营养成分。这些营养成分是由盲肠生产制造的。盲肠便便每天只排泄一次。兔子一丝不苟地把嘴巴凑到屁股边上，赶在维生素落地之前就把它们全都吞进肚子里。脏吗？一般般啦。要是非吃不可的话，花生夹心巧克力便便总好过豌豆便便吧。

　　好了，孩子们，这就是我们的"小"动物。

　　现在该回到"大"动物了。

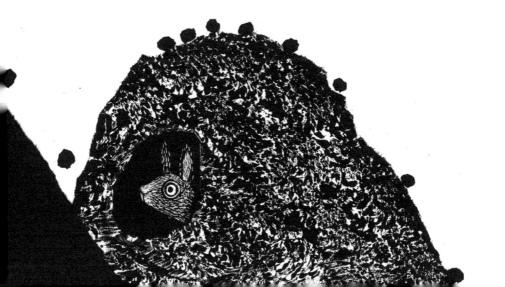

不好意思，还要再提一提那个可怜的麻雀：2012年12月，研究人员发现麻雀常常把香烟蒂头装进自己的鸟巢里。为什么呢？因为过滤嘴里含有一些有害物质，这些物质可以赶走寄生虫。

盲蜘蛛

有些人一看到盲蜘蛛就一动都不敢动了。他们认为，它的下颌里装着满满的毒药，足以让一整座城市的人从这个世界消失。

打住！

就由着大家以为盲蜘蛛非常凶险吧，要知道，它事实上是一种不堪一击的动物：身躯很迷你，腿却长得一眼看不到头。它们的长相酷似蜘蛛，却又偏偏不是蜘蛛。它们从不织网，也没有毒牙，它们是森林里人畜无害的芭蕾舞者。

只不过，不管它们多么善良，它们都需要武器傍身，毕竟单凭爱是救不了命的。唉，幸好大自然明白它们的苦心。盲蜘蛛与生俱来有一种神奇的技艺，有了这门技艺，它们甚至能在马戏团里大赚一笔。

万一它的某条一望无际的大长腿被小鸟抓住了，它就轻轻松松地把那条腿松开，用剩余的七根支柱逃跑。然而，事情还远远没有结束，那条被松开的腿会突然间活过来，它不住地扭动、颤动，使得小鸟完全顾不上那只逃跑的盲蜘蛛，只知道盯着眼前这条一扭一扭的腿。

恐怖啊！小鸟想。

解放啦！盲蜘蛛想。

松鼠

有了这种动物，世界都变得美好了。当然啦，所有的动物都能让世界变得更加美好，可是，它们之中总有一些名列前茅、出类拔萃的。红松鼠凭借它的腿、它的眼睛、它的耳朵、它的尾巴、它的毛皮、它的……它的……长长的指甲、它的白白的肚皮、它的啃噬技术、它的攀爬技术、它的躲藏技术，成了佼佼者。就连它的性格也很美好。

每当松鼠储存过冬的食物时，它总是有点儿漫不经心。往地里埋几颗橡子，往大树的树枝里塞上几颗，再往某个小洞穴里塞一些山毛榉坚果，如果它在某个严冬的清晨去寻找这些东西，却不小心发现了别人的储物柜，它不会动这些美味佳肴，因为松鼠彼此之间不偷东西。

现在，大家一定都在想：说了这么多完美的优点，也该轮到谈谈它罪大恶极的缺点了吧，只不过，它还真没有。

松鼠独自生活。随着日出，它收集一些橡子，把橡子堆成堆，到了中午，它就去睡觉，等到傍晚时分才再次出动。到了冬天，它就只在上午活动。要是遇上暴风雨，它会在巢穴或者洞里待上一整天，免得出门被风刮跑了。万一它的巢穴被风破坏了，它可以搬到备用的巢穴去住，要知道，每只松鼠都有备用巢穴的。

有时候，方方面面都是典范也会压得人透不过气来。不过……幸好松鼠偶尔也会趁着夏天吃上一只粉嘟嘟的小雏鸟，毕竟，总是吃坚果，偶尔尝到的肉味就会特别鲜美。

松鼠很完美。它们的腿，它们的眼睛，它们的耳朵，还有它们的牙齿。它们啃得动坚果，自然也就咬得动骨头了。

再提一提那个孤独的十字园蛛：如果天上下起大雨，
十字园蛛不会躲在自己的网里，而是会躲进附近某个
有遮挡的地方。靠着它迅速编织出来的电报线，一旦
有东西飞进它的网里，它马上就能感觉得到。

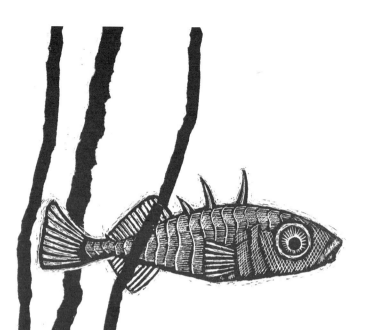

三刺鱼

有些动物很好相处，而有些动物却不太好相处。三刺鱼很不好相处，特别不好相处，以致人们禁不住怀疑它怎么还没灭绝。天哪，真是个讨厌鬼，一到春天，更是成了烦人精。只有雄鱼是这样的，对吧？雌鱼的表现很普通，非常普通，可是雄鱼们却表现得像是要去参加家务展会一样。

它们先是把自己精心打扮一番：灰不溜秋的颈部和肚皮变成橘黄色，眼睛变成浅蓝色，后背变成金属绿。

妆化好后，它们就开始寻找一个合适的地方建造鱼巢。它们用沙土、水藻和茎秆铺垫，那可真是连拉带拖啊。好不容易鱼巢成形了，刺鱼还得在里面钻一个缺口，开凿出一条小隧道。它一边钻，这堆东西就一边坍塌了，于是，它又得从头开始修补和建造。噢，真乱啊，噢，真麻烦啊。

好不容易有怀着满满一肚子卵的雌鱼出现了，雄鱼真想把它拿下。对于雌鱼来说，其实什么都不需要，因为无论如何，它急需把卵弄出来，它早已经心急如焚了，可是雄鱼还要先为它跳一段舞。

舞跳完了，雌鱼脑子里想的可能是：你倒是快一点儿啊，我都要炸了。可是，雄鱼为了确保万无一失，还要先检查一下它的鱼巢，看看是不是一切如常，等等。真是要把人逼疯了。然而，这段时间里，雌鱼只能乖乖地等着。要不然，它的丈夫就会生气，用它的三根刺威胁雌鱼。有时候，雌鱼会选择一走了之，或是让它的卵随波逐流。

但是……

假如某一条雌鱼终于精疲力竭地躺到了鱼巢里，雄鱼就会立刻用自己的嘴不耐烦地顶它的尾巴：别磨洋工了，用力！最后一粒卵刚一出来，雄鱼就把它的妻子从鱼巢里赶了出去，亲自上阵。

它要给这些卵受精。

然后呢？然后，它就要开始扇了。

扇？

它一定要确保，无论什么时候都有新鲜的海水从卵的四周流过，要不然，它们就长不成小鱼了。它十分卖力地拍打着鱼鳍，就好像这会决定它的命运一般。

眼看着卵就要长成小鱼了，雄鱼失去了它们美丽的色彩，看上去暗淡无光、面如死灰、心力交瘁。

哎呀，要是这不是家务展会，而是其他什么展会就好了，比方说溺爱雄性三刺鱼展会什么的，不允许雌性参加。

鸽子

没错，这种动物怎么都不肯为你让路，因为它们以为街道只属于它们自己。鸽子是瘟疫，它们是灾难，它们是……莽撞驾驶的飞行员，没有申请许可，就把飞机随处乱停。

不过，你可别着急，鸽子真的不至于那么坏。它的喙里有一个超棒的指南针。假如我们把一只格罗宁根的鸽子送到罗马，在那里放飞，那么一天之后，它就会回到自己的老巢了。

还有一点可别忘了！这一点很了不起，也很奇特。鸽子结了婚就是一辈子，共同把孩子抚养大。我们所说的共同是真真正正的共同。两个蛋临出来的时候，父亲和母亲就不再吃东西了。

这是性命攸关的大事。

因为……

……鸽子会在自己的砂囊里，也就是喉咙里用来储存食物的那个像洞洞一样的地方产奶——鸽子奶。那玩意儿看上去就像松脆的奶酪。要是没有鸽子奶的话，雏鸽可就活不下来了。因此，当父母的提前几天就不能再吃东西了，要不然，砂囊里就会混进种子、薯条和面包，而这些是雏鸽们不能吃的。

所以，当你对家门口那些横冲直撞、升入天空的飞机满心厌恶的时候，看看所有的父亲和母亲吧，它们一边流着口水，一边偷偷盯着人行道上的一根薯条，想道：哎呀，多么美味的薯条啊，嗯，看上去好吃极了，我可真想把它吃掉呀。可是，它们随后还是走开了。

垂涎三尺、饥肠辘辘、筋疲力尽。

黄蜂

你想在高速公路上以 120 公里的时速行驶吗? 这一点儿也不难。

你想在云层上空零下 50 摄氏度的地方飞行吗? 不在话下。

你想在风力 8 级的海面上完成一场令人反胃的旅程吗? 这有什么好说的?

你想让一个黑黄相间的小动物轻易地在我们的柠檬汽水里着陆? 救命啊, 防空洞在哪儿?!

黄蜂的行为和大多数司机上路时的表现一致: 气势汹汹, 先蜇后谈。不过, 我们已经忘了这种动物曾经多么重要。

重要?

有什么重要的?

嗐, 简单说来是这么一回事: 没有黄蜂就没有书。其实, 黄蜂是纸的发明者, 就是我们用的纸, 就是你手里的这张纸。

历史书上是这么写的: 有一天, 一个中国人发现了一个黄蜂的蜂巢。幸好他没有立马逃走, 而是把它看了一个仔细。他脑子里想的一定是: 这种材料真奇特啊, 看上去就像纸一样。它们是怎么落到那些烦人精的手里的? 当他亲眼看见黄蜂是怎么啃食树枝、树干、篱笆和木桩的时候, 他终于明白了。他亲眼看着它们把木头和唾液混合在一起, 制作出一种糊糊, 然后用它建造出一种无与伦比的结构——纸的结构。

从此以后, 人们不再用芦苇或者旧衣衫造纸了, 而是用木头造纸。我们真应该为黄蜂塑一座雕像, 只不过, 它要是少带着螫针出门就好了。

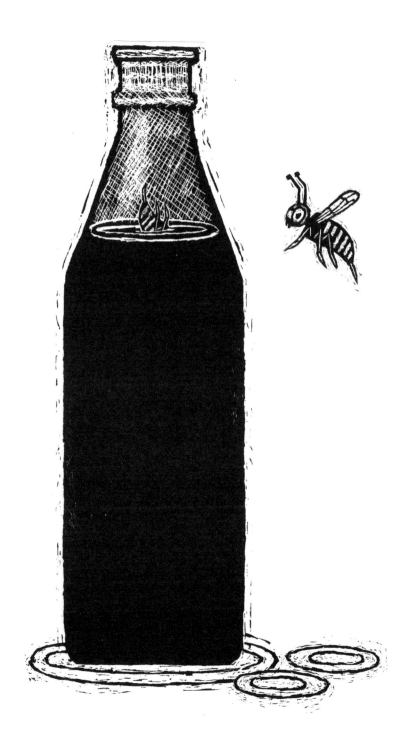

红领绿鹦鹉

你站在公园里，望着徐徐落下的太阳，一丝风也没有，可你身旁的大树却突然颤抖、摇晃了起来。你有没有发现，树叶长出了红色的嘴巴，它们高声惊叫、互相推搡。是不是来了什么不明飞行物？这些身穿荧光绿外套的是哪儿来的外星人啊？

它们是小鸟，是来自非洲和印度的鹦鹉。错了，它们不是自己飞到这里来的，而是被接来的，之后因为它们既美丽又好养活，于是被装进了笼子里。有一回，它们之中有几只要么是逃跑了，要么是被放走了，它们在海牙筑了一个巢。同样的事情也发生在鹿特丹、阿姆斯特丹、布鲁塞尔和科隆。

一开始，这些城市里只有几对，之后就变得越来越多。起初，人们惊奇地看待这些充满异域情调的飞行物，现如今，他们的态度却发生了巨大的转变。这个态度就是：它们把原本属于麻雀和百舌鸟的粮食都吃光了。它们占领了大树上的树枝。它们抢夺了啄木鸟的巢穴。它们把蝙蝠从冬眠的洞穴里赶了出去。快让这些外来的小鸟滚蛋吧。

事情往往都是如此：那些人仅仅说对了一丁点儿，因为红领绿鹦鹉吃的东西与麻雀和百舌鸟很不一样，也很少在阴暗的啄木鸟林地里孵化小鸟，更不会把大量蝙蝠从冬眠中唤醒。这些事情虽然都是事实，但并不经常发生。

在半个世纪的时间里，红领绿鹦鹉从一种稀有动物变成了一种常见动物。它们喜欢聚集起来，在同一棵大树上睡觉。有时候，甚至能聚集到成百上千只。所以，唯一有资格抱怨的就是……那棵树。

黑褐毛蚁

赞赞赞，黑褐毛蚁是一个闲不住的小不点儿，它不是为自己而活，而是为了整个蚂蚁族群而活。没有"我"，有的只是"我们"，它们合在一起才是一个整体。它们住在人行道的砖块底下、灌木丛底下或者是大树的树皮后面。

族群的成员有：一位甚至是几位蚁后、工蚁和几只雄蚁，所有蚂蚁都有自己的职责。

蚁后一辈子都在产卵。工蚁负责照顾这些卵，把它们养育成虫。* 雄蚁必须在约定好的时间让所有新蚁后受孕，最好再捎带上某位邻近族群的蚁后。

盛夏的一天，四周族群里的所有雄蚁和所有年轻的蚁后一同涌向蚁穴的出口，它们颤动着翅膀，直到其中一只蚂蚁发出信号：冲啊！

一时间熙熙攘攘、嗡嗡作响，短短几分钟的时间里，天空中布满了飞翔的蚂蚁。这是一场婚飞。豆蔻年华的蚁后们飞到高得不能再高的地方，只有飞到同样高度的雄蚁才能短暂地当一回亲王。之后，它们就落回到地面上。雄蚁就在那里死去，而蚁后们会建造一个巢穴，开创一个全新的族群。

老蚁后不再加入这一行列，它和它的工蚁们一同留守在蚁穴里。蚁后的婚飞一生只有一次。不过，它可以凭借被曾经的亲王受精的卵，度过十五年的光阴。

* 参见紧接在后面的蚜虫。

蚜虫

蚜虫是一种群居动物，它们成群结队地在你秀美的盆栽里安家落户。它们以飞快的速度繁殖，夏天一到，雌虫并不是产卵，而是直接生下完完整整的宝宝，宝宝们有鼻子、有嘴，还有六条腿，即时可用。

蚜虫以植物汁液为食。它把吸嘴插进一片鲜嫩的小叶子里，植物汁液就自然而然地流进它的嘴里。只不过，汁液里含有许多许多糖分，远远超出蚜虫所需要的分量，那么，它该怎么办呢？它会把那些糖分排泄出来。看呀，它的臀部出现了一滴晶莹的露珠，由于糖屎这个词太难听了，所以人们管那滴甘甜的露珠叫蜜露。蜜露落回到植物上，使它变得黏糊糊的。

有些小动物十分喜欢喝糖水，它们会把蜜露舔舐干净。黄蜂和蜜蜂都对蜜露情有独钟，蚂蚁就更不用提了。由于这份钟爱，它们对于哪里能找到蚜虫一清二楚。

蚂蚁就像农民一般，每天都勤勤恳恳地给它们的蚜虫群挤奶。它们用触角抚摸蚜虫的脊背，紧接着，蚜虫的体内就会流出蜜露。有一些品种的蚂蚁甚至把蚜虫当成牲口养在家里。只不过，它们给这些摇钱树喂的不是干草，而是树叶。

那么蚜虫呢？留着它还有用吗？有啊，那个蚜虫过得很顺心，因为蚂蚁保护它免受它的死敌——恶毒的凶手瓢虫的侵扰。

于是，蚜虫把蜜露给了蚂蚁，蚂蚁把瓢虫赶跑了，那么瓢虫呢？

七星瓢虫

你这个杀死蚜虫的凶手啊，就是你，外壳上带着七个假模假样的圆点点，还取了一个这么天真无邪、乖巧可爱的名字。所有人都被你蒙蔽了。孩子们是看在你不叮、不咬又不长毛的分上，女人们是看在你为花园增添了艳丽色彩的分上，农民们是看在你帮忙农作的分上，该死的寄生虫想要毒害植物，你就把它们吃了个精光，人类眼中的你特别棒、特别了不起，以致他们把你称作金龟子，咳，你还成了老大。起初，你并没有踏足美洲，人们却专门把你引渡到那里，因为和你家族的其他成员相比，你是蚜虫更大的克星。从那以后，你们家族里特别天真可爱的小表弟九星瓢虫就不得不背井离乡了。那个小表弟再也没有露过面。是啊，有一天，纽约的某一株植物上突然出现了约莫二十只九星瓢虫，第二天，这件事就直接上了报纸。这可是大新闻呢：我们的九星回来了！可是，好景不长，因为你立马就带着你的七个破圆点点赶到了，当着你小表弟的面，把那些美味多汁的蚜虫连虫子带蜜露一扫而空。万一有哪只小山雀因为肚子饿，向你发动进攻，你就直接掉到地上。你是在装死，胆小鬼！你压根就没有死。你躲在红色的盔甲下，一个劲地偷笑，简直把肚皮都要笑破了。你的小细脚上还会分泌出一种毒液，害得山雀宝宝们生病。不知所谓的暴力，这就是你，七星骗子。这就是你！

大山雀

你四肢僵硬地行走在寒风里，心里想着：冬天什么时候才能过去啊？就在这个时候，你突然听见"吱吱嘿，吱吱嘿"。这是大山雀的叫声，它宣告着春天的来临。并不是说春天立刻就来到了，还早着呢，说不定还要等上好几个星期，只不过，山雀的反应比较灵敏而已。它是一种性格温和的小鸟，即使冰天雪地的日子还有好几个星期，它也依然能够以阳光的态度去面对。

大山雀真是个异类。研究人员发现，雄鸟之中，胸前的黄色越明亮、肚子上的条纹越粗，生出来的孩子就越强壮。

嘿，好戏这就开场。

雌鸟的心里也很清楚。它们不在乎自己的丈夫温不温和、大不大方、聪不聪明，它才不在乎这些呢，它在乎的是雄鸟的外表：它是酷酷的还是黯然无色的小窝囊？

雌鸟们喜欢酷酷的雄鸟。

但是，并不是每一只雌鸟都能遇到最时髦的丈夫，所以，有些雌鸟就只能嫁给呆子了。它们一起，在大树上或是山雀巢里筑起一个豪华的鸟窝。

然而，一旦呆子山雀一心扑在鸟窝位置的计算上，过分地注重阳光的角度，对风雨的倾角忧心忡忡，雌鸟就会赶忙逃之夭夭，去拜访不远处某只阳刚的山雀。

对于小窝囊来说，大自然太残酷了。不过，这也没关系，因为小窝囊在鸟蛋面前恰恰可以展示最温柔的一面。

再提一提小心翼翼的鸽子：所有鸟类喝水都是一口接一口喝。它们舀起一口水，然后把脑袋往后仰。只有鸽子是个例外，它把嘴当作吸管，一口气不停地吸，直到不渴了才停下。

哎呀，还得再提一提小心翼翼的鸽子：因为它们的方向感特别好，所以它们总能找到回家的路。第一次世界大战和第二次世界大战期间，它们被用来传递讯息。通过这种办法，许多鸽子都救过士兵们的命。甚至还有三十二只鸽子因为它们的胆量和斗志获得了真正的战争勋章。

蜱虫

好吧，也该轮到它了。蜱虫是地球上最令人深恶痛绝的动物，这个鬼头鬼脑的家伙用倒齿扎穿你的皮，在那里一待就是几天，舒舒服服地喝着你的血。要是你运气不好的话，它还会留下疾病作为感谢。

然而，蜱虫这个可怜虫不得已，也只能如此。它一辈子只吃三顿。第一顿是当它还是个幼虫的时候。它爬到某个小个子动物的身上，吸饱血，落到地上，蜕去一层皮，变成一只若虫。

变为若虫的它又一次爬到某个动物的身上，又一次吸饱血，又一次落到地上，又一次蜕去一层皮，变成一只成年蜱虫。

变为成虫的它又一次爬到某个动物的身上，最好还是一个大个子动物，它在毛发和皮肤皱褶间寻找一位伴侣，再一次吸饱血。完成交配后，雄蜱就会死去，雌蜱变得圆滚滚的。它喝的血比雄蜱多多了，只不过，它还要产下成千上万个卵呢。产完卵后，它也死了。

蜱虫啊，了解到你的生活多么倒霉后，我们对你的憎恨也少了一点儿。了解到你的幼虫因为没有动物路过而几乎全被饿死后，我们甚至对你有了一些同情。蜱虫啊，给你一条忠告：享受你的大餐，但是不要生孩子，只有这样，你才能长命百岁、幸福安康。

白斑狗鱼

不对，白斑狗鱼生来不普通，不过，它死时却很普通，就好像它一文不值似的。它的下颌里长着细小而尖利的牙齿，凡是装得下的，它都不放过，无一例外。

白斑狗鱼是一台粉碎机，说得委婉一点儿，它愿意接受挑战。毫无疑问，它完全有能力捕捉几条刺鱼，用来填饱自己的肚皮，但是，这并不能让白斑狗鱼感到满足。它患有极度的贪食症，为此，最好能有大小适中的猎物，恰好能装进它的嘴里：一条肥美的鱼、一只水禽或是一只老鼠。

它身穿完美的迷彩服，躲藏在水草之中，一动也不动。那个向它游来的不正是鲤鱼吗？！这个胖小子啊，蠢得无话可说，不过，它那么美味，就算它的个头大了一点儿，也不能白白把它放

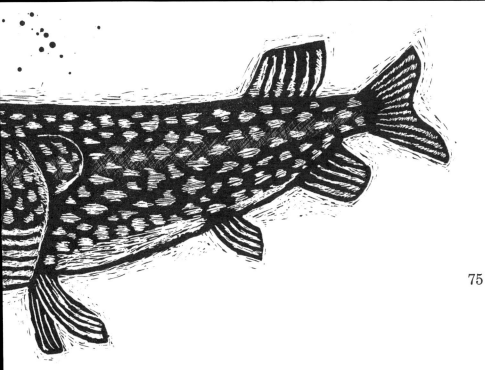

走。白斑狗鱼做好了发动攻击的准备，它弓起身子，随时预备开火。它从底部抓住猎物，把对方转到一个恰到好处的角度，直接就滑进了它的嘴里。有那么一刹那的工夫，白斑狗鱼似乎都透不过气来了，看上去像是快要被它的猎物噎死了。

有些白斑狗鱼不知天高地厚，在它们的心目中，它们能够主宰整个世界。它们朝着某条只比自己小一丁点儿的同类游去。随之而来的就是一场恶战，这场战斗很有可能以两条生命的终结而结束：一条白斑狗鱼死在另一条白斑狗鱼的手里。

留在这个世界上的是：

尾巴两条、

脑袋一个和

粉碎机零台。

银鸥

对于一只成天惹是生非的小鸟来说，这个名字可真是高雅啊。其实，银鸥不像以出售首饰和相框为生的体面的珠宝商，反而更像一个喝多了的足球迷。银鸥长着一对无与伦比的翅膀，在阳光下闪闪发光，可是，那底下暗藏着大量的铁锈，足够收废铁的开一家新店了。

银鸥生来属于海岸，那里有许多空地，也没有人妨碍它们大打出手、尖声惊叫，然而，无论是动得了还是动不了的东西，银鸥都会把它们吃个精光，所以，为了方便起见，它们会搬到城市居住。它们把垃圾袋里的东西啃得一干二净，当你坐在操场上，掏出面包想要咬一口的时候，它们会一把把面包从你手里抢走。

这种流氓行径由来已久。每一位银鸥爸爸和银鸥妈妈的喙上都有一块红斑。雏鸟刚从蛋里爬出来，就一个劲儿地用小小的喙啄那块红斑。"快把吃的给我！"它们喊道。于是，父母就把刚刚从你手里偷来的面包吐了出来。

这些银鸥可真有意思啊，很高兴认识你们，现在，你们可以回到大海里去了。

对了——

千万别忘了带上你们的孩子。

家蝇

许多人觉得耳夹子虫凶巴巴的，其实，它们一点儿也不凶。

许多人觉得海星软趴趴的，其实，它们一点儿也不软。

许多人觉得鸽子傻乎乎的，其实，它们一点儿也不傻。

许多人觉得苍蝇脏兮兮的，其实，它们一点儿也不……哎，还真挺脏的。

要是这些整天飞来飞去、脚爪到处乱摸的多动症患者全都不见了，那么世界该多么美好啊。当然了，苍蝇之所以这么做也没什么好奇怪的，毕竟它们最重要的感官都在脚上。只有降落在某个地方，它们才能知道自己该做些什么。这东西能不能吃？它们是行走在一个空荡荡的盘子上还是一块香喷喷的面包上？

哎呀，说到这里，苍蝇所做的一切都还可以原谅，毕竟每个人都有自己独特的观看和触摸的方式。只可惜，苍蝇并没有见好就收。一旦苍蝇通过脚感知到自己落在了你抹了蜂蜜的面包上，它们就会做出一些不可饶恕的事情。它们会伸下一根小管子，里面装满了苍蝇的唾沫，紧接着，它把这根小管子里的东西全都吹进你的面包里。你的面包会变得软绵绵的，这样一来，苍蝇就可以通过同一根小管子，把面包吸进去了。

要吐了！

亲爱的苍蝇：放心大胆地吃吧，唾沫留给你自己就行了！

亲爱的面包主人：这是不可能的，因为我嚼不了。所有入口的食物都必须先变成液体。再说，我根本就没有吸。食物是主动钻回到小管子里的。这是大自然的安排。我也没有办法。嗝。

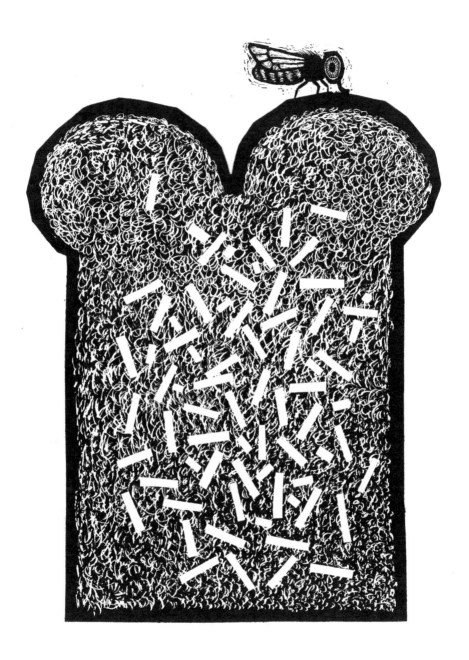

再提一下那个麻雀，就一小下，是啊，我们实在忍不住了：
1962年，在英国的一座煤矿上，两只小麻雀不小心落进了一辆堆满稻草的手推车，被送进了煤矿的升降梯里。在地下180米深的地方，有一群小矮马专门负责拉运煤车，稻草就是用来喂它们的。过了一会儿，麻雀环顾了一下四周，发现自己来到了深深的地底。人们逮住了雌鸟，把它放生了。而雄鸟却在地底度过了它的余生。

80

狐狸

喂，把狐狸放在这里干什么？它为什么会出现在这本书里？就因为它很普通吗？我们不想见这个讨人嫌的！我们应该把最后一页用在更好的地方。

哦，先等一等。现如今，狗狗的这位表亲已经成了地球上分布最广的肉食动物了。它打败了它的叔叔——狼，而且还在继续向前挺进。是啊，就连城市也不例外。尤其是在城市，因为那里没有猎人，还有很多好地方用来藏身，而且，那里有很多吃的。公园里有温驯的鸭子，路边有垃圾袋，花园里有小鸡和兔子。

人们曾经想要把它改造成狗。结果呢？

成功了。

繁衍了几代之后，狐狸尖尖的耳朵已经耷拉下来了，尾巴也变得卷曲。狐狸的曾孙子让人爱不释手，在俄罗斯就能订购到。价格和一辆崭新的汽车相当。

哦，野生的狐狸比被改造成狗的狐狸还好呢。公狐和母狐共同把子女抚养大。有时候，一个狐群里有好几只母狐。如果有了幼崽，它们就会采取一种聪明的办法，它们把所有宝宝都堆在一起，每个成员彼此照顾。这样一来，它们就组成了一个其乐融融的大家庭：二十几个孩子、几位母亲和一位父亲。就这样，它们挺进了城市，甚至，说真的，有时候还会闯进屋子里。

假如有朝一日你在厨房里碰到一只狐狸，那么你就知道它的价值了：一辆崭新的汽车。不过，它极有可能是一只野生的狐狸，还没被驯服，所以，你赚不到钱，还是赶快……

……把厨房重新装修一遍吧。

再说说二十三种动物，
外加一个人

大蓝鹭 为了这篇文章，我参考了"水鸟协会"发表的《肯尼亚的白鹭和苍鹭用鱼饵钓鱼》。

褐鼠 发现褐鼠会笑的教授名叫雅克·潘克塞普。打开视频网站，搜索"老鼠是怎么笑的"，你就能看到他和一只大笑不止的老鼠。

刺猬 刺猬用来发掘新事物的嗅觉、味觉机件有一个专门的名字——犁鼻器。气息和口水都在那里经受检验。蛇和蜥蜴的身上也有这个器官。

红领绿鹦鹉 为了写这只鸟，我阅读了荷兰鸟类研究合作组织的一篇报道：O.克拉森和A.范·科隆农所著的《2011—2012年冬的荷兰红领绿鹦鹉》。

鲱鱼 你可以在视频网站上听见鲱鱼放屁的声音：鲱鱼屁。

盲蜘蛛 千万不要把盲蜘蛛和大蚊盲蛛（它们有翅膀）、幽灵蜘蛛（它们往往就住在你的家里）弄混了。

家蝇 它们为什么总是搓洗个没完？那是为了保持它们灵敏的触觉！它们搓脑袋、搓口器、搓翅膀、搓腹部、搓前脚、搓中脚，还搓后脚。

小兔子 雌性小兔子叫作雌兔或者母兔。雄性小兔子叫作公兔。年幼的兔子叫作幼兔。

大山雀 为了它，我阅读了《国家地理》2010年10月20日刊登的《大山雀越浮夸，产出的精子越强劲》。

十字园蛛 2010年，十字园蛛被评选为年度之蛛！

瓢虫 一只瓢虫一生能吃掉五千只蚜虫。另外，每驱赶一只瓢虫，要动用四至五只蚂蚁。

鼹鼠 鼹鼠储存虫子时所采用的惊悚的办法来自鼹鼠专家L.E.亚当斯所写的《为鼹鼠认知做贡献》。

老鼠 布鲁斯效应是由研究者希尔达·M.布鲁斯发现的。1959年7月11日，她在《自然》杂志中写道："小鼠因受到外界刺激而妊娠阻断的现象。"

麻雀 世界上最著名的麻雀专家是詹姆斯·丹尼斯·萨默斯-史密斯。我读了他的著作——1992年于伦敦出版的《寻找麻雀》。
还有，啊，它们无处不在！有家麻雀、树麻雀、黑胸麻雀、荒漠麻雀、金麻雀、石雀、山麻雀、栗麻雀、索马里麻雀、斯氏麻雀、死海麻雀、黑顶麻雀，等等等等等等！

鼻涕虫 感谢www.hannyreneman.nl。

耳夹子虫和土鳖虫 我们不知道这些动物为什么会有这样的名字。耳夹子虫并不往耳朵里钻，顶多也就是你躺在草丛里睡觉时，它们不小心钻进去。而土鳖虫根本就不喜欢在土里待着，那里太干燥了！

八哥 非常感谢格罗宁根大学的夏洛特·黑默莱克教授。参见视频网站上的"索特索尔2009"。2012年9月17日，吉斯·莫伊里克在

《共同日报》上谈到了9号站台的铁道八哥，2005年12月20日，他又为《新鹿特丹商报》撰写了一篇文章，讲述的是那只饥肠辘辘的多米诺麻雀。

三刺鱼 马腾·黑特·哈特在1978年写过一篇有关这种鱼的研究报告——《三刺鱼》。我读了那本书。

蝙蝠 谢谢你，安娜-伊夫戈·哈尔斯玛。

狐狸 雌性狐狸叫母狐。它的丈夫叫公狐。它的孩子叫幼狐。

84 **黄蜂** 效仿黄蜂，发明了造纸术的那个中国人名叫蔡伦。至于事件的整个经过到底是不是这样，我也不太确定。

蚯蚓 蚯蚓一生下来，就有一百五十个小圈圈。它之所以生长，不是因为身上会长出新的小圈圈，而是因为这些小圈圈会长大。为了写这篇文章，我阅读了鲁汶大学理学硕士J.法尔克斯等人于2009年写的研究报告——《进一步挖掘蚯蚓对于可持续耕地管理的意义》。

迪克·兹维克霍斯特 超赞的编辑，谢谢你！

好啦，再最最最后提一下，就一下下，一小下下：该不会又是那个麻雀吧？没错，我们不得不说，又是那个麻雀，不过，它还真是棒极了。1975年，又有两只麻雀落到了矿井里。这一次，它们到达650米深的地方，这两只鸟都是雄性的。一位麻雀专家怎么也不相信，于是亲自去看。不多久，又来了第三只麻雀，这回是一只雌鸟，它是被矿工们送下去的。一年后，借助矿工们送来的东西，它们安了一个家，有了三只小雏鸟，靠吃种子过活，可是，雏鸟始终还是离不开昆虫，它们飞离了矿井，可终究还是不够强壮，没能存活下来。成鸟们在那里总共居住了三年。